QING SHAO NIAN KE XUE TAN SUO YING

青少年科学探索营

## 基础科学百科

张恩台 编著　丛书主编 郭艳红

# 自然：大自然的小卫士

汕头大学出版社

## 图书在版编目（CIP）数据

自然：大自然的小卫士 / 张恩台编著. -- 汕头：
汕头大学出版社，2015.3（2020.1重印）
　（青少年科学探索营 / 郭艳红主编）
　ISBN 978-7-5658-1635-2

Ⅰ. ①自… Ⅱ. ①张… Ⅲ. ①自然科学－青少年读物
Ⅳ. ①N49

中国版本图书馆CIP数据核字(2015)第025983号

## 自然：大自然的小卫士　　ZIRAN：DAZIRAN DE XIAOWEISHI

编　　著：张恩台
丛书主编：郭艳红
责任编辑：邹　峰
封面设计：大华文苑
责任技编：黄东生
出版发行：汕头大学出版社
　　　　　广东省汕头市大学路243号汕头大学校园内　邮政编码：515063
电　　话：0754-82904613
印　　刷：三河市燕春印务有限公司
开　　本：700mm×1000mm 1/16
印　　张：7
字　　数：50千字
版　　次：2015年3月第1版
印　　次：2020年1月第2次印刷
定　　价：29.80元
ISBN 978-7-5658-1635-2

# 前言

　　科学探索是认识世界的天梯，具有巨大的前进力量。随着科学的萌芽，迎来了人类文明的曙光。随着科学技术的发展，推动了人类社会的进步。随着知识的积累，人类利用自然、改造自然的的能力越来越强，科学越来越广泛而深入地渗透到人们的工作、生产、生活和思维等方面，科学技术成为人类文明程度的主要标志，科学的光芒照耀着我们前进的方向。

　　因此，我们只有通过科学探索，在未知的及已知的领域重新发现，才能创造崭新的天地，才能不断推进人类文明向前发展，才能从必然王国走向自由王国。

　　但是，我们生存世界的奥秘，几乎是无穷无尽，从太空到地球，从宇宙到海洋，真是无奇不有，怪事迭起，奥妙无穷，神秘莫测，许许多多的难解之谜简直不可思议，使我们对自己的生命现象和生存环境捉摸不透。破解这些谜团，有助于我们人类社会向更高层次不断迈进。

　　其实，宇宙世界的丰富多彩与无限魅力就在于那许许多多的难解之谜，使我们不得不密切关注和发出疑问。我们总是不断地去认识它、探索它。虽然今天科学技术的发展日新月异，达到了很高程度，但对于那些奥秘还是难以圆满解答。尽管经过古今中外许许多多科学先驱不断奋斗，一个个奥秘被不断解开，推进了科学技术大发展，但随之又发现了许多新的奥秘，又不得不向新问题发起挑战。

宇宙世界是无限的，科学探索也是无限的，我们只有不断拓展更加广阔的生存空间，破解更多的奥秘现象，才能使之造福于我们人类，我们人类社会才能不断获得发展。

为了普及科学知识，激励广大青少年认识和探索宇宙世界的无穷奥妙，根据中外最新研究成果，编辑了这套《青少年科学探索营》，主要包括基础科学、奥秘世界、未解之谜、神奇探索、科学发现等内容，具有很强系统性、科学性、可读性和新奇性。

本套作品知识全面、内容精炼、图文并茂，形象生动，能够培养我们的科学兴趣和爱好，达到普及科学知识的目的，具有很强的可读性、启发性和知识性，是我们广大青少年读者了解科技、增长知识、开阔视野、提高素质、激发探索和启迪智慧的良好科普读物。

# 目　录

# 大自然的物理现象

### 自燃

可燃物在空气中没有外来火源的作用，靠自热或外热而发生燃烧的现象，称为自燃。可分为两种情况：由于外来热源的作用而发生的自燃叫做受热自燃；某些可燃物在没有外来热源作用的情况

下，由于其本身内部进行的生物、物理或化学过程而产生热，这些热在条件适合时足以使物质自动燃烧起来，这叫做本身自燃。

### 影子

由于物体遮住了光线，光线在同种均匀介质中沿直线传播，不能穿过不透明物体所形成的较暗区域，就形成了投影也就是我们常说的影子。影子的形成要有光和不透明物体两个必要条件，影子可分为本影和半影两种。仔细观察电灯光下的影子，还会发现影子中部特别黑暗，四周稍浅。影子中部特别黑暗的部分叫本影，四周灰暗的部分叫半影。

如果在茶叶筒旁点燃两支蜡烛，就会形成两个相叠而不重合的影子。两影相叠部分完全没有光线射到是全黑的，这就是本影；本影旁边只有一支蜡烛可照到的地方，就是半明半暗的半影。如果点燃三支甚至四支蜡烛，本影部分就会逐渐缩小，半影部分会出现很多层次。

### 音障

音障一种物理现象。当物体的速度接近音速时，将会逐渐追上自己发出的声波。声波叠合累积的结果，会造成震波的产生，进而对飞行器的加速产生障碍，而这种因为音速造成提升速度的障碍称为音障。突破音障进入超音速后，从航空器最前端起会产生一股圆锥形的音锥，在旁观者听来这股震波有如爆炸一般，故称为音爆或声爆。

### 电光火球

又叫球状闪电。电光火球与雷电是截然不同的，它是独立存在的有一定稳定性的等离子态发光体，不是高压放电现象。内部没有电流的存在，其光亮柔和而不刺眼，在运动中无声无息，只

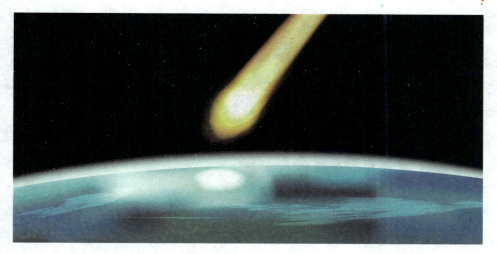

是在消失时往往伴随着爆裂，并产生刺鼻臭氧和亚硝酸气味。

　　电光火球出现时常漂浮在离地面不远的空中，接触地面后常反弹起来，被接触的物质会被烧焦。科学家们从150年前就开始研究这种罕见的自然现象，但在理论上至今也不能很好地加以解释。

## 流体状态

　　流体在运动的过程中，各质点完全沿着管轴方向直线运动，质点之间互不掺混、互不干扰的流动状态称为层状流动，简称为层流。如果运动着的质点不仅沿着管轴方向进行直线运动，还伴有横向扰动，质点之间彼此混杂，流线杂乱无章，这种流动状态称为紊流。锅炉中，实际流体如水、烟气、空气等的流动状态都是紊流。只有黏性较大的液体，如重油、润滑油在低速流动中才会出现层状流动。

　　液体的流动状态，在不同场合会有不同的利与弊。如流体在紊流状态时，由于分子间扰动强烈，对增强传热有利，但由于是紊流，必然要增大流动阻力而导致能量损失增大。

### 光的直线传播

光在同种均匀介质中沿直线传播，通常简称为光的直线传播。它是几何光学的重要基础，利用它可以简明地解释成像问题。人眼就是根据光的直线传播来确定物体或像的位置的，这是物理光学中的一部分。我们的祖先制造了圭表和日晷，测量日影的长短和方位，就是利用光的直线传播这一原理。

## 延 伸 阅 读

我们身边的物理现象：从高处落下的薄纸片，即使无风，纸片下落的路线也曲折多变；冰冻的肉在水中比在同温度的空气中解冻得快；有雪的路面撒些食盐融化得快；打雷时，先看到闪电，后听到雷声。

# 大自然的地理现象

### 海潮

海潮是由于月球和太阳的引潮力作用，使海洋水面发生的周期性涨落现象。例如，当月亮、太阳与地球成一条直线时，月

亮和太阳对地球的引潮力加在一起，引起不同寻常的海潮，这种海潮称为大潮；当月球和地球的连线与太阳和地球这两条的连线相交成直角时，引潮力较弱，这种潮叫做小潮。

### 温泉

温泉是一种由地下自然涌出的泉水，其水温高于周围环境。形成温泉必须具备地底有热源存在、岩层中具备裂隙让温泉涌出、地层中有储存热水的空间三个条件。

### 地下虹吸

这是地下暗河的一种特殊现象。水流在特定位置遇到河道突然变小，水流下泄受阻，产生快速水流。这种情况下水流的动能很大。科研人员在科学考察过程中有时会遇到这种自然现象。遇到这种情况时，不能强行进入，否则会被强劲、快速的水流吸入地下深处，危及生命。

虹吸是一种流体力学现象，可以不借助泵而抽吸液体。中国人很早就懂得应用虹吸原理。应用虹吸原理制造的虹吸管，在中国古代称"注子""偏提""渴乌"或"过山龙"。东汉末年出现了灌溉用的渴乌。西南地区的少数民族用一根去节弯曲的长竹管饮酒，也是应用了虹吸的物理现象。

虹吸原理可以运用到方方面面，大到水利工程，小到家居排水。许多水利建设者运用虹吸原理将河、湖等内的水排出，节约

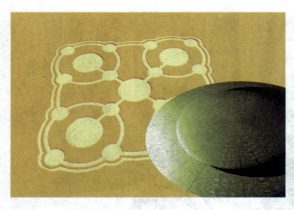

了机械设备的使用量与电能的消耗，十分有效的解决了很多问题。

### 青海沙漠怪圈

2011年8月22日，在我国青海省德令哈地区出现一个巨型"沙漠怪圈"。据当地目击者称，一夜之间在沙化的牧场上突然出现了一个直径近2000米的巨型圆环图案，怪圈不但是规则的圆形，其中还有复杂对称的图案，图案的边缘相当的精准。

此怪圈比一般40米至200米直径的"麦田怪圈"要大很多，也更为壮观。目前，怪圈事件还无法得出一个合理的解释，但我们相信，随着科技的发展在不久的将来一定会解开怪圈之谜。

　　17世纪以来，麦田怪圈的起源争论就不绝于耳。近日，媒体报道俄罗斯又出现麦田怪圈，这是全球每年出现的250个麦田圈中的最新发现，再次引起关注。科学家已经证实，80％的麦田怪圈是人为制造的。

### 尼拉贡戈熔岩湖

　　尼拉贡戈熔岩湖是由溢出的熔岩在火山口或火山口洼地内长期保持液态而成的湖。由于结晶缓慢，岩石结晶程度明显增高，下部与火山通道相连，岩石可达全晶质。多为流动性较强的玄武质岩石组成，面积一般不大。尼拉贡戈火山口深处沸腾的熔岩湖是世界上最大的熔岩湖，湖深约396米，是非洲大陆最令人惊异的自然奇观之一。

　　尼拉贡戈熔岩湖作为世界上最大的熔岩湖，被称为"地球的魔鬼肚脐眼"。

### 地下湖

又称暗湖，指在天然洞穴中，具有开阔自由水面的比较平静的地下水体。它往往和地下河相连通，或在地下河的基础上局部扩大而成，起着储存和调节地下水的作用。如云南六郎洞、广西都安的安苏地下河。

欧洲最大的地下湖维也纳地下湖是奥地利游览胜地之一，被誉为"地下童话王国"，坐落于距离维也纳市西部约17千米的亨特尔布旅村附近的维也纳森林中，面积为6200平方米。每年都吸引约15万游客来此参观。

该地下湖共分3层，以石灰岩为主要成分。这种灰红的石灰矿在1848年至1912年间用来当做农业肥料。在第二次世界大战中，

德国法西斯曾把这里用作地下飞机制造厂。

### 濒海荒漠

一些濒海地区因常年受到副热带高气压带控制，盛行下沉气流，空气增温干燥。同时，盛行风从陆地吹向海洋，水汽很少，云雨难以形成，由此形成濒海荒漠。

此外，沿岸海洋中有寒流经过，降温减湿，进一步加剧了气候的干旱程度，使荒漠区一直延伸到海岸边。其中最典型的是南美洲的智利北部和秘鲁沿海地区，荒漠区随强大的秘鲁寒流向北延伸至赤道附近，成为一大自然奇观。

### 赤道雪山

位于赤道附近的非洲坦桑尼亚的海拔5895米的乞力马扎罗山、位于肯尼亚中部的海拔5199米的巴迪安峰等，因终年白雪皑皑，被称为赤道雪山。由于地势

每升高1000米，气温要下降6℃，海拔近6000米的乞力马扎罗山顶部气温要比山脚低近30℃，因而山上形成终年积雪。近年来因气候变暖，乞力马扎罗山顶积雪融化严重。环境专家预测，乞力马扎罗山顶积雪可能在2015年至2020年间彻底消失。

### 极圈花园

北欧的冰岛虽然位于北极圈附近，但并不是一个终年冰天雪地和气候奇寒的国度，实际上全国仅有10％左右的面积为冰川所覆盖。由于受北大西洋暖流的影响，冰岛气候相对比较温和湿润，夏季凉爽宜人，冬季则比较暖和，所以冰岛被称为"极地花园"。

冰岛是世界温泉最多的国家，所以又被称为"冰火之国"。

全岛约有250个碱性温泉，最大的温泉每秒可产生200升的泉水。冰岛多喷泉、瀑布、湖泊和湍急河流，最大河流锡尤尔骚河长227千米。

冰岛属寒温带海洋性气候，天气变化无常。因受北大西洋暖流影响，较同纬度的其他地方温和。夏季日照长，冬季日照极短，秋季和冬初可见极光。

### 寒暖流交汇的大渔场

寒流和暖流交汇的海区，冷海水上泛处，海水中含有丰富的营养盐类，有利于浮游生物繁殖。浮游生物的滋长，成为鱼类丰富的饵料。同时，暖水性鱼类和冷水性鱼类都滞留在那里，所以渔业资源丰富。

世界上主要的大渔场都位于这些海区，如纽芬兰渔场、北海道渔场、北海渔场、秘鲁渔场及我国的舟山渔场等。

### 回归沙漠带上的绿洲

地球上南北回归线附近地区，由于处在副热带高气压带或信风带控制下，盛行热带大陆气团，降水量小而蒸发量大，所以气候干旱。世界上的沙漠多分布在这里，故称为"回归沙漠带"。我国华南地区也处于北回归线上，却形成了典型的季风气候。每年夏季风和台风从海洋上带来大量水汽，行成丰沛的降水，因此这里气候温暖湿润，植被繁茂，赢得了"回归沙漠带上的绿洲"之美誉。

### 动物迁徙

我们每年都会在空中看到迁徙的鸟群，春天会看到蟾蜍急急忙忙赶往它们的产卵地。到底是什么诱使动物做出如此令人惊叹的迁徙活动？

动物迁徙是指动物由于繁殖、觅食、气候变化等原因而进行一定距离的迁移。候鸟因季节和繁殖每年春季返回繁殖地，秋季迁往越冬地。鸟类的迁徙路线比较固定，一般常沿食物丰富的近水地区迁移。鱼类迁徙可分为生殖洄游、稚鱼洄游、觅食洄游、季节洄游。

哺乳动物也因季节、繁殖和觅食等原因做周期性迁移，如北方驯鹿冬季南迁至针叶林带，春季则返回食物丰富的北方苔原带。

## 石河

由寒冻风化产生的岩块、岩屑，在重力作用下汇集到斜坡下的沟槽内，碎石沿沟槽缓缓向下移动，形成一条用石头填满的小河，故名石河。石河的运动速度很小，通常年运动速度0.2米至2米，运动的结果是使岩块搬运至山麓堆积下来。

## 岩崩

就是岩石崩塌，是指陡峻斜坡上的岩石体在重力作用下，脱离母岩，突然而猛烈地由高处崩落下来，堆积在坡脚的地质现

象。岩崩灾害广泛发生在各种坚硬岩石中。结构破碎或有软弱夹层的碳酸盐岩、碎屑岩、变质岩尤其容易发生岩崩。大规模岩崩可以摧毁矿山、破坏房屋建筑、阻断交通，造成严重人员伤亡和财产损失。

延 伸 阅 读

　　湖中湖：加拿大安大略州的休伦湖中，有一大岛，叫马尼图林岛。岛上又有个面积达106.42平方公里的马尼里湖，是世界上最大的湖中湖。

# 大自然的化学现象

### 流泪的咸鸭蛋

有时候，剥开的咸鸭蛋会流油。这是因为鸭蛋不但含有丰富的蛋白质，而且也含有许多脂肪。整个鸭蛋中，脂肪约占16％。这些脂肪除了微不足道的一点点存在于蛋白中以外，99％以上都"居住"在蛋黄里。因此对蛋黄来说，脂肪的含量竟高达31％左右。也就是说，整个鸭蛋的蛋黄，几乎三分之一是由脂肪组成

的。蛋白质是一种乳化剂，它能够把蛋黄中的脂肪分散成很小的油滴。盐和蛋白质是死对头。盐能降低蛋白质在水中的溶解度，使蛋白质沉淀出来，这个作用化学家称之为"盐析"。作为乳化剂的蛋白质被盐析以后，乳浊液被破坏了，那些原来分散成极小的油滴，彼此就互相聚集起来，变成大油液。由于蛋黄中脂肪的含量高达31％左右，因此一煮熟以后，就使得整个蛋黄变成油滋滋的，甚至流出油来了。

### 厨房里的催泪弹

切洋葱会释放出蒜苷酶，它可以将洋葱所含的部分有机分子转化成次磺酸。次磺酸又自然地重新组合，形成可以引起流泪的化学物质合丙烷硫醛和硫氧化物。丰富的神经末梢能够发现角膜接触到的合丙烷硫醛和硫氧化物并引起睫状神经的活动，中枢神经系统将其解释为一种灼烧的感觉，而且此种化合物的浓度越高，灼烧感就越强烈。

神经活动通过反射的方式刺激自主神经纤维，自主神经纤维又将信号带回眼睛，命令泪腺分泌泪液将刺激性物质冲走。避免切洋葱时流泪的方法：将洋葱冷冻一段时间，或者把洋葱放在水里浸一下再切，也可把刀放在水里浸一下再切。

### 神秘的鬼火

夏天的夜晚，在墓地常会出现一种青绿色火焰，被人们称作"鬼火"。这是由于人与动物身体中有很多磷，死后尸体腐烂生成一种叫磷化氢的气体。这种气体冒出地面，遇到空气后会自燃。这种火非常小，发出的是一种青绿色的冷光，只有火焰，没有热量。夏天的温度高，易达到磷化氢气体的着火点而出现"鬼火"。

燃烧的磷化氢可以随风飘动，所以，还会出现"鬼火"跟人走动的现象。

### 绿色的天空

蓝天白云一直是人们脑海里的美丽景象，可是有这样一幅画，却把天空画成了绿色。这是由于当时画家们绘画所使用的蓝色颜料，是一种叫铜蓝的矿石。这种矿

石时间长了，发生了化学反应，就变成了绿色。铜蓝是铜矿石矿物，因呈靛蓝色而得名，它的化学成分是硫化铜，可以和空气中的水、氧气发生化学反应，生成浅绿色的硫酸铜。因此，用这种颜料画成的图画，时间久了天空就变成了绿色的。

### 啤酒泡沫

啤酒倒进杯子里会生出许多的泡沫，这种泡沫被人们叫做啤酒花。啤酒泡沫的产生和一种叫做二氧化碳的气体有关。啤酒生产酿造过程中，需要把二氧化碳加以压缩，使它溶解在酒液中，然后装瓶加盖。当喝啤酒时，由于瓶内的压力比瓶外大，一打开瓶盖二氧化碳就纷纷鼓动往外冒，产生许多气泡；把啤酒倒进杯

子，气泡会冒得更多。每升啤酒都会有5克左右的二氧化碳，二氧化碳不达标的啤酒口味会很差。

### 红色的青苹果

还没有到成熟季节时，市场上就有鲜红诱人的苹果、黄灿灿的香蕉……你知道这是怎么回事吗？其实这些苹果刚从树上摘下来的时候都是青绿色的，有些商贩为了卖得好，就在水果上喷了一种能够催熟着色的的气体——乙烯，让青苹果变成红色。乙烯是一种植物生长调节剂，除可以催熟果实外，还是石化工业原料，主要用于制造塑料、合成纤维、有机溶剂等。

### 黄铜竟然变黑了

加工好的黄铜零件，完工时本来是金光闪闪的，可放几天后

都变成黑乎乎的了，这是怎么回事呢？其实这是铜是与空气中的氧气、水蒸气、二氧化碳反应后生成了一种新的物质氢氧化铜，就是铜锈。避免的方法很简单，只要保持空气干燥，或者隔绝空气，铜就不易生锈了。

## 延 伸 阅 读

不粘锅：其之所以不粘食物，是因为锅底涂上了一层特殊物质"特富隆"，其化学名叫聚四氟乙烯，俗名叫塑料王。由于这种化合物具有耐高温、自润滑等优点，故被广泛用于不粘炊具。

# 大自然的天文现象

### 日食

指太阳被月球全部或部分掩遮的天文景象。日食主要有日全食、日偏食及日环食三种。无论哪种日食，时间都是很短的。在地球上能够看到日食的地区也很有限，这是因为月球比较小，它的本影也比较小而短。

### 日全食

日食的一种，即太阳被月亮全部遮住的天文现象。在地球上月影里的人们开始看到阳光逐渐减弱，太阳面被圆的黑影遮住，天色转暗，全部遮住时，天空中可以看到最亮的恒星和行星。几分钟后，从月

球黑影边缘逐渐露出阳光，开始生光、复圆。由于月球比地球小，只有在月影中的人们才能看到日全食。

### 日偏食

当月球运行到地球与太阳之间，地球运行到月球的半影区时，地球会出现一部分被月球阴影外侧的半影覆盖的地区，在此地区所见到的太阳有一部分会被月球挡住，此种天文现象就叫日偏食。日偏食是一种常见的天文现象。

观看日偏食时，要戴上专门观测太阳的眼镜。即使有专门观测太阳的眼镜，也不宜长时间观测太阳。

在看日偏食时，应该一次观测10秒钟左右，休息三四分钟再

继续观测，尽量保护眼睛。

### 月食

当月球运行至地球的阴影部分时，月球和地球之间的地区会因为太阳光被地球遮闭，看不到月球或看到月球缺了一块这种天文现象称为月食。此时的太阳、地球、月球恰好在同一条直线上。正式的月食过程分为初亏、食既、食甚、生光、复圆五个阶段。月食可以分为月偏食、月全食和半影月食三种。月食只可能发生在农历十五前后。

### 月偏食

月食的一种。月偏食发生时，月亮就会呈现出一半是白色，一半是古铜色的美丽景象。

月偏食可分为三个阶段：初亏、食甚和复圆。

当月球始终只有部分被地球本影遮住时，就会发生月偏食。如果月球进入半影区域，太阳的光也可以被遮掩掉一些，这种现象在天文上称为半影月食。但由于在半影区阳光仍十分

强烈，多数情况下半影月食不容易用肉眼分辨，然而事实上半影月食是经常发生的。

月偏食可以直接用肉眼观察。

### 昼半球与夜半球

由于地球是个巨大的球体，其本身的密度又很大，不透明，所以受到太阳光的照射时，只能有半个地球被照亮，被照亮的半球称昼半球，其所表现出来的就是我们所说的白天；而另外未被

照亮的半球称夜半球，其所表现出来的就是我们所说的黑夜。

当东半球是昼半球时，西半球就是夜半球，反之亦然。昼半球与夜半球的分界线是以经度表现的晨昏线。由于地球是在不停自转的，所以晨昏线也是在不停地自东向西变化着。

## 掩星

一个天体在另一个天体与观测者之间通过而产生的遮蔽现象称为"掩星"。一般而言，掩蔽者较被掩者的视面积要大；若相反则称为"凌"，如金星凌日。

月球在围绕地球运行期间，经常会掩蔽背景的恒星。由于月球没有大气，恒星的视面积又非常微小，因此，被掩恒星会有近乎一瞬间的消失或重现于月面边缘。

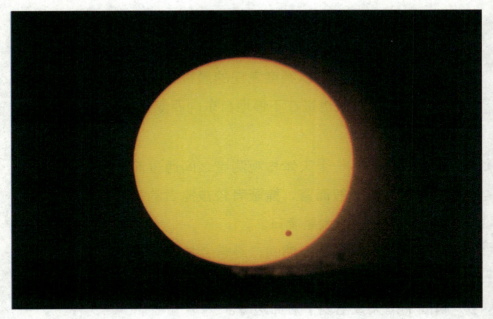

　　行星有时也会掩蔽恒星，行星之间也会互相掩蔽，但是发生的机会微乎其微。木星和土星在公转一周期间，其赤道平面总会有两次机会与地球轨道面平行，这时候从地球便可看到它们的卫星互相掩蔽的现象。

延　伸　阅　读

　　地球一年可以观测到几次月掩行星的现象。当月球不规则的边缘掠过恒星的时候，观测者会看见恒星数度消失及重现，称为掠掩。由于观测掠掩能间接得出月面边缘的准确地形，因此比一般月掩星更具科学价值。

# 大自然的天气现象

## 风

　　地球的周围包裹着很厚的一层空气，空气也随着地球旋转。由于受温度以及地球旋转的影响，空气的压力存在不均衡，空气从高压地区移向低压地区就形成了风。

　　就一个具体地区来说，风向在不同的季节会有所不同。我国属于大陆性季风气候，冬天多出现从西北大陆刮向东南的寒冷干燥的季风，夏天多出现从东南海洋刮向西北的温暖湿润的季风。

## 龙卷风

龙卷风是在极不稳定天气下由空气强烈对流运动而产生的一种伴随着高速旋转的漏斗状云柱的强风涡旋。中心附近风速可达每秒100米至200米，破坏性极强，经过的地方常会发生拔

起大树、掀翻车辆、摧毁建筑物等现象，甚至把人畜吸走。

## 云

云是停留在大气层上的水滴或冰晶胶体的集合体。云是地球上庞大的水循环的有形的结果。太阳照在地球表面，水蒸发形成水蒸气，一旦水汽过度饱和，水分子就会聚集在空气中的微尘周围，由此产生的水滴或冰晶将阳光散射到各个方向，就产生了云的外观。云在不同自然条件的影响下会有各种各样的形态，有的

像波涛，有的像奔马，有的像山峰。早晨的云彩在晨曦的映照下会出现鲜艳的朝霞，傍晚的云彩在夕阳的映照下会出现绚丽的晚霞，给人带来无限的遐想。

### 积雨云

夏季到来时，我们常会在天上看到积云，积云如果迅速地向上凸起，形成高大的云山，云底慢慢变黑，云峰渐渐模糊。一会儿，整座云山就会崩塌，天空特别暗，紧接着就会下起暴雨，雷声隆隆，电光闪闪，有时还会带来冰雹或龙卷风。

这种浓厚庞大的云体，垂直发展旺盛，云顶随云的发展逐渐展平成砧状，并出现丝缕状结构的直展云，常伴有雷阵雨，这就是积雨云。积雨云浓而厚，云体庞大如高耸的山岳，轮廓模糊，有纤维结构，底部十分阴暗，常有雨幡及碎雨云。

## 积云

孤立的云，大体浓密而且轮廓明显，垂直伸展如山丘，它的圆形或塔状云顶，有些类似花椰菜。被日光照射部分明亮，云底则较黑暗并近于扁平，有时积云也有破碎现象，云块之间多不相连；由空气对流、水汽凝结而成的云，通常在湿润地区和热带地区出现，有时也会在干燥地区出现。除非积云变成积雨云，否则不会出现阵雨，正午后形成的云堆和积雨云表示很可能出现阵雨。积云分为淡积云、浓积云和碎积云三类，是一种垂直向上发展的云块。

## 卷积云

由形似涟漪或豆粒的小云体组成的白色透明的云片、云条或云层，云的单体视角宽度不超过一度的高云。卷积云约在5500米的高空，常排列成行或成群，很像轻风吹过水面所引起的小波纹，有柔丝般光泽，能透过日光和月光。卷积云可由卷云、卷层云演变而成，有时高积云也可演变为卷积云。如果天空中云的分布以卷积云为主，又与卷云、卷层云相互影响，常预示不稳定的天气系统，将出现阴雨、大风天气。农谚"鱼鳞天，不雨也风颠"即指这样的云天。

## 卷层云

白色透明的云幕，太阳和月亮透过云幕时轮廓分明，地物有影，常有晕环，可以部分或全部遮蔽天穹。有时云的组织薄得几乎看不出来，只使天空呈乳白色，有时丝缕结构隐约可辨，好像乱丝一般。我国北方和西部高原地区，冬季卷层云可以有少量降雪。厚的卷层云易与薄的高层云相混。卷层云由冰颗粒形成，看上去像白云的纹路，这是唯一会在太阳或月亮周围产生光晕的云

层。卷层云可分为毛卷层云和薄幕卷层云。卷层云常出现在大约5500米至8000米的高空。

### 雷雨云

雷雨云是一大团翻腾、波动的水、冰晶和空气。当云团里冰晶在强烈气流中上下翻滚时，水分会在冰晶的表面凝结成一层层冰，形成冰雹。这些被强烈气流反复撕扯、撞击的冰晶和水滴充满了静电。其中重量较轻、带正电的堆积在云层上方；重量较重、带负电的聚集在云层底部。当正负两种电荷的差异极大时，就会以闪电的形式把能量释放出来。

雷雨云成熟的标志是伴有雷电活动和降水，当下沉气流在地

面形成阵风时，地面温度开始明显下降。一阵电闪雷鸣和狂风暴雨过后，雷雨云就进入消散阶段。

### 层积云

层积云由众多白色或灰色云块组成的低云，常带有阴暗部分，云块单体具有不同形状，但视角宽度大于5度。云底离地面高度常在2000米以下，属低云族。层积云是由片状、团块或条形云组成的云层或散片，有时呈波状或滚轴状，犹如大海波涛。层积云个体肥大，结构松散，多由小水滴组成，属于水云，呈灰白色或灰色。在云块较薄处，面向太阳的位置可辨认。层积云又可分为透光层积云、蔽光层积云、积云性层积云、堡状层积云、荚状层积云等。

### 雨

陆地和海洋表面的水蒸发变成水蒸气，水蒸气上升到一定高度之后遇冷变成小水滴。这些小水滴组成了云，它们在云里互相碰撞，合并成大水滴，当它大到空气托不住的时候，就从云中落了下来，形成了雨。雨的成因多种多样，它的表现形态也各具特色，有毛毛细

雨，有连绵不断的阴雨，还有倾盆而下的大雨。雨是人们经常遇到的自然现象，它既是人类生活不可缺少的天气现象，但有时也给人类带来灾害。

## 冰雹

俗称雹子，是雷雨云中水汽凝华和水滴冻结相结合的产物。直径为0.005米至0.1米的落向地面的冰球或冰块叫雹。雹形成需要有强上升气流的对流云，因此常伴有雷暴。夏季或春夏之交最为常见。雹灾是我国严重自然灾害之一，降雹形成的灾害虽然是局部和短时的，但后果严重。降雹会砸坏农作物、房屋，致人畜伤亡。防御雹灾的主要措施有：掌握地区内冰雹气候的规律，合理安排种植制度；植树造林，改善生态环境；做好降雹预报。

## 闪电

云与云之间、云与地之间或者云体内各部位之间的强烈放电现象。云里的电荷分布是这样的：在底部是较少的正电荷，在中下是较多的负电荷，在上部是较多的正电荷。闪电由底部和中下部的放电开始。电子从上往下移动，这一放电由上向下呈阶梯状进行，每级阶梯的长度约为50米。两级阶梯间约有50微秒的时间间隔。每下一级，就把云里的负电荷往下移动一级，这称为阶梯先导，平均速率为$1.5 \times 10^5$米/秒，约为光速的两千分之一，半径约在1到10米，将传递约五库仑的电量至地面。当阶梯先导很接近地面时，就像接通了一根导线，强大的电流以极快的速度由地面沿着阶梯先导流至云层，这一个过程称为回击，约需70微秒的时间，约为光速的三分之一至十分之一。典型的回击电流强度约为一至两万安培。如果云层带有足够的电量，又会开始第二次的阶梯先导。

　　预防闪电和雷击的方法：不要站在大树下；不要让自己成为四周最高的物体；放下所有的金属物件；不要使用电话或使用接上插头的电器；远离门窗、金属管道和炉灶、烟囱。

### 露、霜、雾

　　夜间，地面上的草、木、石块等物体由于向外辐射热量，温度逐渐降低，当温度降至露点时，地面物体附近空气中的水蒸气便达到饱和。若露点高于0℃，水蒸气可在地面物体的表面上凝结成小水滴，形成露；若露点低于0℃，水蒸气在地面物体的表面上直接凝结成小冰粒，形成霜；如果在夜间不仅地面上物体的温度降到了露点以下，而且地面以上一定的空气温度也降到了露点，那么空气中的水蒸气将以尘埃为核心凝结成细小的水滴，形成雾。露、霜和雾都不是从天而降的，而是地面附近空气中的水蒸气达到饱和时直接凝结而成的。

## 雪

水在空中凝结再落下的自然现象，是水的固态形式之一。雪只会在很低的温度及温带气旋的影响下出现，因此亚热带地区和热带地区下雪的机率较小。雪花多呈六角形，花样之所以繁多，是因为冰的分子以六角形为最多。对于六角形片状冰晶来说，由于它的面上、边上和角上的曲率不同，相应地具有不同的饱和水汽压，其中角上的饱和水汽压最大，边上次之，平面上最小。

## 彩虹

在炎热的夏天，一阵暴雨过后，有时我们能看见一条七色的彩环横跨南北悬挂在空中，这就是虹。有时在虹的外侧还能看到第二道虹，光彩比第一道虹稍淡，称为霓。虹是由大气中的小水珠经日光照射发生折射和反射而形成的，其中有赤、橙、黄、绿、青、蓝、紫七种颜色，因此又称彩虹。虹常发生在雨后，并出现在与太阳相对的方向。

### 霞

在日出和日落前后，天际有时被染成红色或橙红色的艳丽色彩，这就是霞。出现在早晨的叫朝霞，出现在傍晚的叫晚霞。由于霞的颜色和鲜艳程度与大气中水汽的含量和尘埃多少有关，因此，"早霞不出门，晚霞行千里"这句谚语告诉我们早霞预兆雨天，晚霞预示晴天。

## 延 伸 阅 读

天气现象主要包括降水现象、地面凝结和冻结现象、雷电现象以及大风、飑、龙卷、尘卷风、冰针、积雪、结冰等现象，还有视程障碍现象：包括雾、轻雾；吹雪、雪暴；烟幕、霾；沙尘暴、扬沙、浮尘等。

# 气候的种类和特点

### 热带雨林气候

又称"赤道多雨气候"，分布在赤道两侧或向两侧延伸5度至10度的地区，年降水量在2000毫米以上。如南美洲的亚马孙平原、非洲

刚果盆地和几内亚湾沿岸，以及亚洲东南部的一些群岛等。这些地方由于全年多雨，无季节变化，植物常年生长，植被茂密，动植物种类繁多，人迹罕至，自然状态保持较好。

### 热带草原气候

分布在赤道多雨气候区的两侧，即南北纬5度至15度左右的美洲和非洲。一年之中干湿季分明，全年气温较高。最冷月平均温度在18℃以上。最热月出现在旱季之后和雨季之前。

### 热带荒漠气候

常年处在副热带高气压和信风的控制下，盛行热带大陆气团，气流下沉，所以形成炎热、干燥的气候，植被稀少，荒漠化严重，形成了典型的热带荒漠气候。年降雨量不足200毫米，甚至多年无雨，加上日照强烈，蒸发旺盛，更加剧了气候的干燥。北非的撒哈拉沙漠就是典型的热带荒漠气候。

### 热带海洋性气候

受来自热带海洋的信风影响，终年盛行热带海洋气团，气候具有海洋性。最冷月平均气温比赤道稍低，年温差比赤道多雨气候稍大，年降水量一般在2000毫米以

上，季节分配比较均匀。

　　热带海洋性气候一般会出现在南纬10度至25度和北纬10度至25度。信风带大陆东岸及热带海洋中的若干岛屿上，如中美洲的加勒比海沿岸等。

### 温带海洋性气候

　　温带海洋性气候区冬无严寒，夏无酷暑，最冷月平均气温在0℃以上，最热月在22℃以下。全年都有降水，秋冬较多，年降水量在1000毫米以上，在山地迎风坡可达2000毫米至3000毫米以上。这种气候在西欧最为典型，分布面积很大。

### 温带季风气候

　　温带季风气候区冬季寒冷干燥，夏季暖热多雨，雨热同季。年降水量1000毫米左右，约有2/3集中在夏季。全年四季分明，天气多变，随着纬度的增高，冬、夏气温变幅相应增大，而降水逐渐减少。

温带季风气候的成因与亚热带季风气候相似。冬季受温带大陆气团控制，寒冷干燥，并且南北气温差别大；夏季受温带海洋气团或变性热带海洋气团影响，暖热多雨，并且南北气温差别小。冬季寒冷少雨，夏季暖热多雨。冬季在强大的西伯利亚大陆冷高压的影响下，盛行冬季风，以偏西偏北风为主，风力强劲，天气晴寒，雨雪稀少。最冷月平均气温南北差异大，南部在0℃以下，北部可达-20℃。夏季在太平洋副热带高压影响下，盛行夏季风，以偏东风和偏南风为主，风力较小，潮湿多雨，6月至8月的降水量占年降水量的70%以上。

## 温带大陆性湿润气候

这种气候在气温、降水的变化上同温带季风气候有些类似，但风向和风力的季节变化不像温带季风气候那样明显。天气的非

周期性变化也很大。

冬季由于气旋活动影响，降水稍多，夏季有对流雨，但夏雨集中程度不像温带季风气候那样显著，天气的非周期性变化也很大。温带大陆性湿润气候主要分布在北纬35度至55度之间的北美大陆东部和亚欧大陆温带海洋性气候区的东侧。

### 亚热带湿润气候

亚热带湿润气候多见于热带海洋气团和极地大陆气团交替控制和互相角逐交流的地带。1月平均温度普遍在0℃以上，7月平均温度一般为25℃左右。分布在北美大陆东部北纬25度至35度的大西洋沿岸和墨西哥湾沿岸地带，南美洲的阿根廷、乌拉圭和巴西南部，非洲的东南沿海和澳大利亚的东岸等地区。它们和东亚

的亚热带季风气候区是相似的，但由于所处的大陆面积较小，海陆热力差异不像东亚那样突出，因此没有形成季风气候。这里的气候特点近似亚热带季风气候，而不同之处在于冬夏温差较小，降水季节分配比较均匀。

### 温带大陆性气候

温带大陆性气候主要分布在南、北纬40度至60度的亚欧大陆和北美大陆内陆地区和南美南部。由于远离海洋，湿润气团难以到达内陆，因而干燥少雨，气候呈极端大陆性，气温年、月较差为各气候类型之最。而且，越趋向大陆中心，就越干旱，气温的年、日较差也越大，植被也由森林过度到草原、荒漠。气候特征是冬冷夏热，降水集中，四季分明，年降雨量较少。我国的北方地区部分属于温带大陆性气候。

### 亚寒带针叶林气候

这种气候出现在北纬50度至65度之间，呈带状分布，冬季漫长而严寒。每年有5至7个月平均气温在0℃以下，并经常出现零下50℃的严寒天气。夏季短暂而温暖，月平均气温在10℃以上，高者可达20℃。年降水量一般为300毫米至600毫米，以夏雨为主。因蒸发微弱，相对湿度很高，加上有永冻层，不少地面处于过湿状态，沼泽广布。由于适宜针叶树生长，所以针叶林分布广泛，又称副极地大陆性气候或亚寒带大陆性气候，也称雪林气候。主要在亚欧大陆和美洲大陆的北部靠近北极圈一带，跨越国家有俄罗斯、美国、加拿大、瑞典、芬兰等。

### 极地气候

又名苔原气候，分布在北美大陆和亚欧大陆的北部边缘、格陵兰岛沿海的一部分及北冰洋中的若干岛屿；在南半球则分布在马尔维纳斯群岛、南设得兰群岛和南奥克尼群岛等地。全年皆冬，一年中只有1月至4月平均气温在0℃至10℃之间，冬季酷寒而漫长。

年降水量约200毫米至300毫米，以雪为主；地面有永冻层，只有地衣、苔藓等低等植物。

### 极地冰原气候

分布在极地及其附近地区，包括格陵兰、北冰洋的若干岛屿和南极大陆的冰原高原。

这里是北冰洋气团和南极气团的发源地，整个冬季都处于永夜状态，夏半年虽是永昼，但阳光斜射，所得热量非常微弱，因而气候全年严寒，各月温度都在0℃以下。

### 延 伸 阅 读

影响气候的主要因素有纬度位置、海陆位置、地形因素和洋流因素。前面三个因素里降水的多与少影响气候的变化。洋流之所以影响气候是因为暖流对沿岸地区气候起到增温、增湿的作用。

# 常见的自然现象

### 厄尔尼诺现象

一种异常气候现象，主要指太平洋东部和中部的热带海洋的海水温度异常地持续变暖，使整个世界气候模式发生变化，造成一些地区干旱而另一些地区又雨量过多。一般平均每四年发生一次。

### 日晕

位于5000米的高空卷层云中的冰晶经过太阳照射后发生被折射和反射等物理变化，阳光被分解成了红、黄、绿、紫等多种颜色，这样太阳周围就出现一个巨大的彩色光环，称为日晕，多出现在春夏季节。

民间有"日晕三更雨，月晕午时风"的谚语，这句话的意思就是若出现日晕的话，夜半三更将有雨；若出现月晕，则次日中午会刮风。

## 晚霞

晚霞的形成是由于空气对光线的散射作用。当太阳光射入大气层后，遇到大气分子和悬浮在大气中的微粒，就会发生散射。太阳光谱中的波长较短的紫、蓝、青等颜色的光最容易散射出来，而波长较长的红、橙、黄等颜色的光透射能力很强。因此，我们看到晴朗的天空总是呈蔚蓝色，而地平线上空的光线只剩波长较长的黄、橙、红光了。

这些光线经过空气分子和水汽等杂质的散射，那片天空就带上了绚丽的色彩。

晚霞的美丽令人神往，往往成为人们对美好生活的寄托，给人带来希望，因而经常出现在文学作品中。

### 火烧云

日出或日落时出现的赤色云霞，属于低云类，是大气变化的现象之一。它常出现在夏季，特别是在雷雨之后的日落前后，在天空的

西部。由于地面蒸发旺盛，大气中上升气流的作用较大，使火烧云的形状千变万化。

火烧云的色彩一般是红通通的。它的出现，预示着天气暖热、雨量丰沛及生物生长繁茂的时期即将到来。火烧云可以预测天气，民间流传有"早霞不出门，晚霞行千里"的谚语，就是说，火烧云如果出现在早晨，天气可能会变坏；但如果是出现在傍晚，那么第二天准是个好天气。

### 流星雨

外空间的尘埃颗粒闯入地球大气层，与大气摩擦，产生大量的热，从而使尘埃颗粒气化，在该过程中发光形成流星，尘埃颗粒叫做流星体。一

个流星的颜色是流星体的化学成分及反应温度的体现：钠原子发出的光是橘黄色的、铁则是黄色、镁是蓝绿色、钙是紫色、硅是红色。成群的流星就形成了流星雨。流星雨看起来像是流星从夜空中的一点迸发并坠落下来，这一点或这一小块天区叫做流星雨的辐射点。通常以流星雨辐射点所在天区的星座给流星雨命名，以区别来自不同方向的流星雨。

## 超级闪电

超级闪电是在云层顶端发生的高空正电荷放电发光现象，指的是那些威力比普通闪电大100多倍的稀有闪电。普通闪电产生的电力约为10亿瓦特，而超级闪电产生的电力则至少有1000亿瓦特，甚至可能达到万亿至10万亿瓦特。

至2003年为止，科学家所发现的高空短暂发光现象有红色精灵、蓝色喷流、淘气精灵，以及在2002年夏天由一个院校物理系红色精灵研究团队所发现的巨大喷流等，它们都是伴随着雷雨云而产生的高空发光现象。

## 海龙卷

一种发生于海面上的龙卷风，俗称"龙吸水"。它上端与雷雨云相接，下端直接延伸到水面，一边旋转，一边移动。

海龙卷的直径一般比陆龙卷略小，其强度较大，维持时间较长，在海上往往是集群出现。它的破坏力特别巨大，如果船只和飞机遇到海龙卷，很快就会被卷得无影无踪。在大洋上易发生台风或飓风的海区，也容易发生海龙卷，只不过海龙卷毕竟是短暂的和局部的，而且不可能经常发生。

在海龙卷群中最成熟的要数母龙卷气旋，依次是龙卷气旋族、龙卷气旋、龙卷涡旋、龙卷漏斗、吸管涡旋，它们构成了一个完整的家族。

## 雪茄状彩虹

雪茄状彩虹不像常见的彩虹那样呈桥状，而是直线形状，一头伸入云端，一头垂进山间，是极为罕见的自然景观，因酷似雪

茄而得名。2006年10月20日下午18时54分左右，我国云南昆明市雨后数分钟，在市东北角上空出现过这样的一道色彩艳丽、炫目的彩虹。

雪茄状彩虹也是一种正常的自然现象，原理和无色光线照射到棱镜后会分解出七彩光是一样的。

### 雷暴群

产生雷暴的积雨云叫做雷暴云，一个雷暴云叫做一个雷暴单体，其水平尺度在10千米以上。多个雷暴单体成群成带地聚集在一起叫做雷暴群或雷暴带，它们的水平尺度有时可达数百千米。

每个雷暴单体的生命史可分为发展、成熟和消散三个阶段。每个阶段持续10多分钟至半小时左右，在不同阶段中，雷暴云的结构有不同的特征。发展阶段即积云阶段，其主要特征是上升气流贯穿于整个云体；成熟阶段的特征是开始产生降水，并且由于降水的拖曳作用而产生了下沉气流；消散阶段的特征是下沉气流占据了主要部分。

### 硝凇

由于受暖冬气候的影响，湖水遇风遇冷后，水中的硫酸钠结晶而出，凝聚在草木的枝叶上形成冰晶，就出现了美丽的"硝凇"奇观。

由于硝凇必须在一定的气温条件下才能形成，所以此现象非常少见，大面积成片的更是罕见。

位于我国山西省运城市区以南2000米的运城盐湖是世界上第三大硫酸钠型的内陆湖泊，占地面积132平方千米，夏产盐，冬产硝，是我国最大的无机盐生产基地。2007年1月31日，运城市盐池约200亩硝池的硝埂上结满了晶莹剔透的"硝凇"。

## 夜天光

太阳落入地平线下18度以后的没有月亮的晴夜，在远离城市灯光的地方，夜空所呈现的暗弱弥漫光辉，叫夜天光，又称夜天辐射。在测光工作中，则称为天空背景，或叫夜天背景。

夜天光的光谱由连续光谱和发射线组成。连续光谱是由分子和尘埃粒子等散射星光产生的，它的峰值在波长为10微米处。

发射线则是高层大气中的原子和分子的辐射产生的，其中氧原子发射的绿线和红线最明显，中性钠的D线也很强。在红外波

段，有很强的羟基分子发射带和氮分子、氧分子的发射带。夜天光限制了观测的极限星等。

## 云隙光

一种常见于日落或日出时分的大气现象。太阳于低角度时，阳光穿过云层隙缝，形成云隙光，从云雾边缘射出的阳光，照亮空气中的灰尘而使光芒清晰可见。对地面的观测者而言，只要有云或雾遮挡住太阳，就有可能看到此现象，但最重要的还是水汽与灰尘的条件。

因此云隙光在多云的天气比较常见；晴朗的日子里，则常发生于日落时分。比较好的观测地点是海滨或湿气重的山谷地区。云隙光偶尔会伴随着反云隙光一起发生。

### 反云隙光

日落或日落时分，常会出现云隙光。若两道云隙光的夹角较小，对地面观测者来说，就好像是两条光芒从日落的西天射出，辐射于天顶对面的东边，此现象即为反云隙光。

尽管这景象有些神奇，其实只不过是平常的夕阳和一些位置特别合适的云朵所造成的。在地球上相对太阳180度的那一边所看到的光，就是反云隙光。

### 日承现象

日承又称日载或环地平弧现象，是由于高层大气中冰晶折射产生的，日承号称为所有晕像中最美丽的。必须在太阳距离地平线至少58度时才会出现，但在中纬度地区，太阳仅在6月和7月初才能到达此高度，并且仅限于日中前后数小时内。

环地平弧现象又被人们称为"火彩虹"。之所以叫这个名字，是因为它看起来就像彩虹在天空自发地燃烧，划过天空。

火彩虹不像普通的彩虹那么容易见到，这主要因为那种条件实在太难满足了，首先太阳要与地平线成58度角，同时要在约6100米的高度上存在卷云。日承现象的形成原理与环天顶弧相似。

### 静电

一种处于静止状态的电荷。在日常生活中，人们常常会碰到这种现象：晚上脱衣服睡觉时，黑暗中常听到"噼啪"的声响，而且伴有蓝光；见面握手时，手指刚一接触到对方，会突然感到指尖针刺般疼痛，令人大惊失色；早上起来梳头时，头发会经常"飘"起来，越理越乱；拉门把手、开水龙头时都会触电，时常发出"啪、啪"的声响。这就是发生在人体的静电。

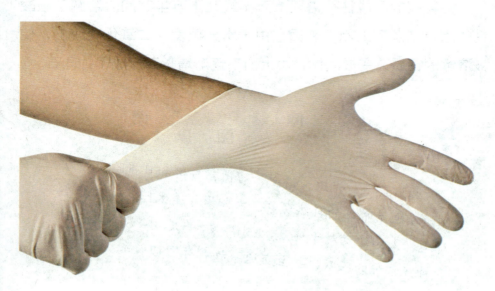

## 钟乳石

碳酸盐岩地区洞穴内在漫长地质历史中和特定地质条件下形成的石钟乳、石笋、石柱等不同形态碳酸钙沉淀物的总称。

钟乳石的形成往往需要上万年或几十万年时间。溶解了碳酸钙的水，从洞顶上滴下来后，由于水分蒸发、二氧化碳逸出，使被溶解的钙质又变成固体，由上而下逐渐增长而形成了钟乳石。

### 延 伸 阅 读

太阳黑子、光斑、谱斑、耀斑、日珥和日冕瞬变等太阳活动也是常见的自然现象。太阳黑子是太阳活动的基本标志。太阳活动对于地震、火山爆发、旱灾、水灾、人类心脏和神经系统的疾病，甚至交通事故都有密切关系。

# 神秘自然现象观光

## 北极光

　　出现于星球北极的高磁纬地区上空的一种绚丽多彩的发光现象。地球的极光，是由于来自地球磁层或太阳的高能带电粒子流使高层大气分子或原子激发而产生。北极附近的阿拉斯加、加拿大北部是观赏北极光的最佳地点。

## 乳房云

　　乳房云也被称为乳房积云，是由无数个袋状下垂云状结构组合在云层底部而形成的。它主要由冰物质构成，可以沿着任何一个方向延伸数百千米，然而一些乳房云结构可保持静止不变10分钟至15分钟。每当乳房云出现就预示着恶劣天气的到来，它经常是暴风雨或其他恶劣天气来袭的前兆。

### 融凝冰柱

融凝冰柱看上去非常像冰矛，主要存在于高山冰川，它的尺寸小到几厘米，大至5米。最初，太阳光线在积雪或高山冰川表面上照射融化形成不规律的微凹，一旦这样的微凹形成，太阳光将在这个微凹处发生光线反射，增加了局部物质升华。随着微凹的逐步加深，深深的一个凹槽便形成了，最终形成像耸立的冰矛的结构。

### 会移动的石头

近些年来，美国加利福尼亚州冰川泥浆戈壁上会移动的石头

成为颇具科学争议的一个焦点，对于这一怪异的自然现象，许多科学家均无法给予合理的解释。甚至重达数百磅的石头也会自然移动数百米之远，一些科学家猜测该现象可能是由于强劲的风和表面冰层的结合作用才形成的。

## 延 伸 阅 读

彩虹是太阳光受到空气中小水珠折射引起的，尤其在雨后常见。而月亮彩虹则罕见得多，只有在满月或临近满月之夜并且月亮低垂之时才会出现。

# 自然灾害的种类与形成

### 地震

地震指地壳在内、外应力作用下，集聚的构造应力突然释放而产生震动弹性波，从震源向四周传播引起的地面颤动。从时间上看，地震有活跃期和平静期交替出现的周期性现象。从空间上看，地震的分布呈一定的带状，称地震带。地震常常造成严重的人员伤亡，还可能诱发海啸、滑坡等灾害。

### 火山喷发

火山喷发是地球内部物质快速猛烈地以岩浆形式喷出地表的现象。由于岩浆中含大量挥发成分，加之上覆岩层的围压，使这些挥发成分溶解在岩浆中无法溢出。当岩浆上升靠近地表时，压力减小，挥发成分急剧被释放出来，形成火山喷发。

## 海啸

通常由震源在海底以下50千米以内、里氏6.5级以上的海底地震引起的。海啸波长比海洋的最大深度还要大，在海底附近传播也没受多大阻滞。不管海洋深度如何，波都可以传播过去。海啸在海洋的传播速度大约为每小时500千米至1000千米，而相邻两个浪头的距离也可能远达500千米至650千米。当海啸波进入大陆架后，由于深度变浅，波高突然增大，它的这种波浪运动所卷起的海涛，波高可达数十米，并形成"水墙"。

## 泥石流

斜坡上或沟谷中的松散碎屑物质被暴雨或积雪、冰川消融水所饱和，在重力作用下，沿斜坡或沟谷流动的一种特殊洪流。特点是爆发突然、历时短暂、来势凶猛和有巨大的破坏力。泥石流大多伴随山区洪水而发生。

泥石流的主要危害是冲毁民居、工厂、矿山，造成人畜伤亡，破坏房屋及其他工程设施，破坏农作物、林木及耕地。此外，泥石流有时也会淤塞河道，不但阻断航运，还可能引起水灾。

多种的人类活动可能促进泥石流的形成。

## 风暴潮

风暴潮是由于剧烈的大气扰动，如强风和气压骤变导致海水异常升降，使受其影响的海区潮位大大地超过平常潮位的现象。风暴潮根据风暴的性质，通常分为由温带气旋引起的温带风暴潮和由台风引起的台风风暴潮两大类。风暴潮影响区域随大气扰动

因子的移动而移动，因而有时一次风暴潮过程可影响1000千米至2000千米的海岸区域，影响时间多达数天之久。风暴潮灾害居海洋灾害之首，世界上绝大多数因强风暴引起的特大海岸灾害都是由风暴潮造成的。风暴潮灾害一年四季均会发生。

## 飓风

飓风是发生在大西洋和北太平洋东部地区的猛烈风暴，它是在大气中绕着自己的中心急速旋转，同时又向前移动的空气涡旋。它在北半球做逆时针方向旋转，在南半球做顺时针方向旋转。

气象学上将大气中的涡旋称为气旋，因为飓风产生在热带洋面，所以称为热带气旋。飓风的最大风速达32.7米/秒，风力为12级以上。飓风一般伴随强风、暴雨，严重威胁人们的生命财产，对于民生、经济等造成极大的冲击，是一种影响较大、危害严重的自然灾害。

## 雷击

雷击指一部分带电的云层与另一部分带异种电荷的云层，或者是带电的云层对大地之间迅猛的放电。这种迅猛的放电过程会产生强烈的闪电并伴随巨大的声音，这就是我们所看到的闪电和听到的雷鸣。自然界每年都有几百万次闪电，雷电灾害是《联合国国际减灾10年》公布的最严重的10种自然灾害之一。最新统计资料表明，雷电造成的损失已经上升到自然灾害的第三位。全球每年因雷击造成人员伤亡、财产损失不计其数。

### 洪涝

雨量过大或冰雪融化引起河水泛滥、山洪暴发和农田积水造成的水灾和涝灾。洪涝可分为河流洪水、湖泊洪水和风暴洪水等。影响最大、最常见的洪涝是河流洪水，尤其是流域内长时间暴雨造成河流水位居高不下而引发堤坝决口。

洪涝灾害在我国主要发生在长江、黄河、淮河、海河的中下游

地区；就全球范围来说，主要发生在多台风暴雨的地区，如孟加拉国北部及沿海地区、日本和东南亚国家。洪涝灾害主要破坏农业生产以及其他产业的正常发展，还会危及人的生命和财产安全。

## 旱灾

指因土壤水分不足，农作物水分平衡遭到破坏而减产或歉收，从而带来粮食短缺问题的自然灾害。旱灾会引发饥荒，令人类及动物因缺乏足够的食物和饮用水而致死。旱灾后容易发生蝗灾，进而引发更严重的饥荒，导致社会动荡。旱灾的形成主要取决于气候，通常将年降水量少于250毫米的地区称为干旱地区，年降水量为250毫米至500毫米的地区称为半干旱地区。

## 病虫害

病害和虫害的并称。病害是指植物在栽培过程中，受到有害生物的侵染或不良环境条件的影响，正常新陈代谢受到干扰，从生理机能到组织结构上发生一系列的变化和破坏，以至在外部形态上呈现反常的病变现象，如枯萎、腐烂、斑点、霉粉、花叶等现象。危害食用药用植物的动物种类很多，其中主要是昆虫，另外有螨类、蜗牛、鼠类等。昆虫中虽有很多属于害虫，但也有益虫，对益虫应加以保护、繁殖和利用。

　　病虫害的防治方法有：农业防治法、生物防治法、物理防治法、机械防治法和化学防治法。

### 滑坡

　　滑坡俗称"走山""垮山""地滑""土溜"等，是指斜坡上的土体或者岩体受河流冲刷、地下水活动、地震及人工切坡等因素影响，在重力作用下，沿着一定的软弱面或者软弱带，整

体地或者分散地顺坡向下滑动的自然现象。滑坡常常给工农业生产以及人民生命财产造成巨大损失，有的甚至是毁灭性的灾难。

## 冻害

农业气象灾害的一种，即0℃以下的低温使农作物体内结冰，对农作物造成伤害。常发生的有越冬农作物冻害、果树冻害和经济林木冻害等。冻害对农业威胁很大，如美国的柑橘和我国的冬小麦常因冻害而遭受巨大损失。

冻害分为农作物生长时期的霜冻害和农作物休眠时期的寒冻害两种。

### 延 伸 阅 读

自然灾害分为气象灾害、海洋灾害、洪水灾害、地质灾害、地震灾害、农作物生物灾害、森林生物灾害和森林火灾。其中气象灾害占整个自然灾害的70%。

# 不可或缺的环境资源

### 水资源

水是维系生命与健康的基本需求，淡水资源极其有限。在全部水资源中，97.5%是无法饮用的咸水。在余下2.5%的淡水中，有87%是人类难以利用的两极冰盖、高山冰川和永冻地带的冰雪。人类真正能够利用的是江河湖泊以及地下水中的一部分，仅占地球总水量的0.26%，而且分布不均。

### 天然水

天然水是构成地球表面各种形态的水的总称，包括江河、海洋、冰川、湖泊、沼泽等地表水以及土壤、岩石层内的地下水等天然水体。地球上的淡水资源绝大部分为两极和高山的冰川，其余大部分为深层地下水。

### 太阳能

太阳内部或表面的核子在连续不断的核聚变反应过程中产生的能量，它以电磁辐射形式向宇宙空间发射。太阳能的利用有光热转换和光电转换两种方式。太阳能是一种新兴的可再生能源。

太阳能是人类能源的宝库，如化石能源、地球上的风能、生物质能都来源于太阳。直接利用太阳能的有平板型集热器、聚光

式集热器。太阳能电池实现了光能到电能的转换，一般应用在人造卫星、宇宙飞船、打火机、手表等方面。太阳能的利用还不是很普及，利用太阳能发电还存在成本高、转换效率低的问题，但是太阳能电池在为人造卫星提供能源方面已得到了应用。

## 风能

风能是地球表面空气流动所形成的动能，是太阳能的一种转化形式。风速越大，它具有的能量越大。由于地面各处受太阳辐照后气温变化和空气中水蒸气的含量不同，因而引起各地气压的差异，在水平方向高压空气向低压地区流动，即形成风。

风能资源决定于风能密度和可利用的风能年累积小时数。风能量是丰富的，近乎无尽、广泛分布的，也是洁净无污染的能源。

## 潮汐能

指由月球和太阳对地球的引力及地球自转所致海水周期性涨落形成的势能和横向流动形成的动能。它包括潮汐和潮流两种运动方式所包含的能量。潮水在涨落中蕴藏着巨大能量，这种能量是永恒的、无污染的。

潮汐能的利用方式主要是发电。潮汐发电是利用海湾、河口等有利地形，建筑水堤，形成水库，以便于大量蓄积海水，并在坝中或坝旁建造水利发电厂房，通过水轮发电机组进行发电。只有出现大潮，能量集中时，并且在地理条件适于建造潮汐电站的地方，从潮汐中提取能量才有可能。虽然这样的场所并不是随处可见，但世界各国已选定了相当数量适宜开发潮汐电站的站址。

## 生物质能

指绿色植物通过叶绿素将太阳能转化为化学能存储在生物质内部的能量，是太阳能以化学能形式贮存在生物质中的能量形式，即以生物质为载体的能量。它直接或间接地来源于绿色植物的光合作用，可转化为常规的固态、液态和气态燃料，取之不尽、用之不竭，是一种可再生能源，同时也是唯一一种可再生的碳源。

生物质能的特点是可再生性、低污染性、广泛分布性。按来源不同，可将适合能源利用的生物质分为林业资源、农业资源、生活污水和工业有机废水、城市固体废物和畜禽粪便等五大类。

## 旅游资源

旅游业发展的前提条件，是旅游业的基础。旅游资源主要包括自然风景旅游资源和人文景观旅游资源。

自然风景旅游资源包括高山、峡谷、森林、火山、江河、湖泊、海滩、温泉、野生动植物、气候等。可归纳为地貌、水文、

气候、生物四大类。人文景观旅游资源包括人文景物、文化传统、民情风俗、体育娱乐四大类。

### 清洁能源

清洁能源指不排放污染物的能源，它包括核能和可再生能源。可再生能源是指原材料可以再生的能源，如水力发电、风力发电、太阳能、生物能、海潮能等能源。可再生能源基本上不存在能源耗竭的可能，因此日益受到许多国家的重视，尤其是能源短缺国家。

**延 伸 阅 读**

天然能源是指自然界中以天然的形式存在并没有经过加工或转换的能量资源，如煤炭、石油、天然气、核燃料、风能、水能、太阳能、地热能、海洋能、潮汐能等。

# 多姿多彩的生物资源

## 动物资源

生物圈中一切动物的总和。通常包括驯养动物资源、水生动物资源及野生动物资源。它与人类的经济生活关系密切，是发展食品、轻纺、医药等工业的重要原料。野生动物资源在维持生物圈的生态平衡中起着重要作用。

### 植物资源

植物资源是生物圈中各种植被的总和。包括陆生植物和水生植物两大类。前者分为天然植物资源（如森林资源、草场资源和野生植物资源等）和栽培植物资源（如粮食作物、经济作物及园艺作物资源）。后者如各类海藻及水草等。植物资源作为第一性生产者，是维持生物圈物质循环和能量流动的基础。

### 森林资源

林地及其所生长的森林有机体的总称。这里以林木资源为主，还包括林中和林下植物、野生动物、土壤微生物及其他自然环境因子等资源。林地包括乔木林地、疏林地、灌木林地、林中空地、采伐迹地、火烧迹地、苗圃地和国家规划宜林地。

森林可以更新，属于可再生的自然资源，也是一种无形的环境资源和潜在的绿色能源。反映森林资源数量的主要指标是森林面积和森林蓄积量。

### 草场资源

草场指以多年生草本植物为主的，可供放养或割草饲养牲畜的土地。以温带草原分布最广，如亚欧大陆中部、北美洲中南部、南美洲中南部、非洲部分地区及大洋洲的澳大利亚和新西兰。此外尚有热带草原和山地草原。草原中最优良的为豆科牧草，其次是禾本科牧草。草场资源是发展畜牧业的前提条件，草场的质量对畜群的构成和载畜量影响较大。草场资源是生物圈的重要组成部分，在维持生物圈的生态平衡上起着重要作用。

### 林业资源

人类的重要自然资源之一。它为人类的生产和生活提供了大量、繁多的资源，如建筑材料等。世界上有木本植物2万余种，我国约有8000种，其中乔木树种

达到2000余种。我国森林资源面积蓄积数量大，居世界前列，但人均占有量小，资源分布极不均衡。我国由北向南依次分布有寒温带针叶林、温带针叶与落叶阔叶混交林、暖温带落叶阔叶林、亚热带常绿阔叶林、热带季雨林和雨林等多种森林类型。

### 渔业资源

渔业资源指具有开发利用价值的鱼、虾、蟹、贝、藻和海兽类等经济动植物的总体，是渔业生产的自然源泉和基础，又称水产资源。按水域分内陆水域渔业资源和海洋渔业资源两大类。其

中鱼类资源占主要地位，全世界约有2万多种，估计可捕量0.7亿吨至1.15亿吨。海洋渔业资源蕴藏量估计达10亿吨至20亿吨。开发利用的渔业资源

中，70％直接供应人们食用，如鲜品、冻品、罐藏以及盐渍、干制等加工品；30％加工成饲料鱼粉、工业鱼油、药用鱼肝油等综合利用产品。

## 农业资源

人们从事农业生产或农业经济活动所利用或可利用的各种资源的总称，包括农业自然资源和农业经济资源。农业自然资源含农业生产可以利用的自然环境要素，如土地资源、水资源、气候资源和生物资源等。农业经济资源是指直接或间接对农业生产发挥作用的社会经济因素和社会生产成果，如农业人口和劳动力的数量及质量、农业技术装备等。

我国有5000多年的农业史，中华民族先民培育更新了很多植物品种，如谷稷、水稻、高粱、豆类、茶等，为人类农业发展作出了巨大贡献。

### 遗传资源

指取自人体、动物、植物或者微生物等含有遗传功能单位并具有实际或潜在价值的材料。遗传科学在现代科技领域具有广泛发展潜力，预计新的科研成果将会给人类生活带来重大的变革。

**延　伸　阅　读**

据统计，目前地球上已知的动物大约有150万种。其中无脊椎动物占40多万种，脊椎动物约占5万种。其余100多万种则都是昆虫。昆虫不仅种类多，而且同一种昆虫的个体数量也很多，如一个蚂蚁群可多达50万个体。

# 蕴藏丰富的能源矿产

## 石油

又称原油，是从地下深处开采的棕黑色可燃黏稠液体。主要是各种烷烃、环烷烃、芳香烃的混合物。石油是古代海洋或湖泊中的生物经过漫长的演化形成的混合物，与煤一样属于化石燃料，是目前世界上最重要的能源之一。石油也是许多化学工业产品（如化肥、杀虫剂和塑料等）的原料。

## 天然气

一种多组成分的混合气体，主要成分是烷烃，在燃烧过程中产生的对人类呼吸系统健康有影响的物质极少，产生的二氧化碳仅为煤的40%左右。燃烧后无废渣和废水产生，相较于煤炭和石油等能源具有使用安全、热值高、洁净等优势。

## 煤

俗称煤炭，是非常重要的能源，也是冶金、化学工业的重要原料。煤主要由碳、氢、氧、氮、硫和磷等元素组成，有褐煤、烟煤、无烟煤、半无烟煤等种类，是不可再生资源。它是古代植

物埋藏在地下经历了复杂的生物化学和物理化学变化逐渐形成的固体可燃性矿产。截至2010年，全世界最大的煤消费国是中国，每年的煤消耗量占全球消耗量的35%。我国是世界上煤炭资源最丰富的国家之一，不仅储量大、分布广，而且种类齐全、煤质优良。我国采煤以矿井开采为主，如山西、山东、徐州及东北地区大多数采用这一开采方式；也有一些地区采取露天开采，如朔州平朔煤矿是全国最大的露天煤矿。

### 石煤

一种含碳少、发热值低、低品位的多金属共生矿，由4亿至5亿年前地质时期的菌藻类等生物遗体在浅海环境下经腐化作用和煤化作用转变而成。含碳量较高的优质石煤呈黑色，具有半亮光

泽、杂质少的特点；含碳量较少的石煤，呈偏灰色，暗淡无光，夹杂有较多的黄铁矿、石英脉和磷、钙质结核。石煤的发热量不高，一般在800大卡/千克左右，是一种低热值燃料。

### 天然沥青

天然沥青是石油在自然界长期受地壳挤压并与空气、水接触而逐渐变化形成的。以天然形态存在的石油沥青，其中常混有一定比例的矿物质。按形成的环境可分为湖沥青、岩沥青、海底沥青和油页岩等。岩沥青是石油不断地从地壳中冒出，存在于山体和岩石裂隙中经长期蒸发凝固而形成的天然沥青。

我国的天然沥青矿主要分布在四川广元龙门山一带，曾被专家誉为"中华第一黑矿"，储量超过1000万吨。

### 铀

铀通常被人们认为是一种稀有金属。铀的化合物最初只用作玻璃着色或陶瓷釉料，1938年发现铀核裂变后，开始成为主要的核原料。

　　纯度为3%的铀-235是核电站发电用低浓缩铀，铀-235纯度大于80%的铀为高浓缩铀，其中纯度大于90%的称为武器级高浓缩铀，主要用于制造核武器。获得1000克武器级铀-235需要200吨铀矿石。提炼浓缩铀的方法主要有气体扩散法和气体离心法。

　　由于涉及核武器问题，铀浓缩技术是国际社会严禁扩散的敏感技术。目前除了几个核大国之外，日本、德国、印度、巴基斯坦、阿根廷等国家都掌握了金属铀浓缩技术。

## 钍

　　一般用来制造合金，提高金属强度和制造煤气灯的白热纱罩，钍所储藏的能量比铀、煤、石油和其他燃料总和还要多许多，是一种极有前途的能源；钍还可用于制造高强度合金与紫外线光电管；钍还是制造高级透镜的常用原料；用中子轰击钍可以得到一种核燃料"铀-233"。

### 油砂

指富含天然沥青的沉积砂，也称"焦油砂"、"重油砂"或"沥青砂"，它实质上是一种沥青、沙、富矿黏土和水的混合物，其外观似黑色糖蜜。

油砂开采相当于"挖掘"石油，而不是"抽取"石油。已露出或近地表的重质残余石油浸染的砂岩，是沥青基原油在运移过程中失掉轻质组分后的产物。

### 延 伸 阅 读

随着世界经济的发展和对煤炭的需求量的增加，许多国家煤炭产量也在不断增加。截止2005年，排在世界煤炭产量前十位的国家是：中国、美国、印度、俄罗斯、澳大利亚、南非、印度尼西亚、波兰、哥伦比亚、德国。

# 绚丽多姿的自然环境

## 自然界

生物群落在一定范围和区域内相互依存，同时与各自的环境不断地进行物质交换和能量传递，从而形成一个动态系统。它们依靠物质的循环、能量的流动，有机地结合在一起，形成一个"生产者、消费者、分解者和非生命物质"四位一体的自然界。

## 生态系统

生态系统由生产者、消费者、分解者和非生命物质四部分组成。它们各自发挥着特定的作用并形成整体功能，使整个生态系统正常运行。生产者是指绿色植物，消费者主要是指动物，分解者是指具有分解能力的各种微生物。非生命物质，是指生态系统的各种无生命的无机物和各种自然因素。

## 生态平衡

生态系统也像人一样，有一个从幼年期、成长期到成熟期的过程。生态系统发展到成熟阶段时，它的结构、功能、包括生物种类的组成、生物数量比例都处于相对稳定的状态，这就叫做生态平衡。

## 自然界的物质循环

生物有机体大约由40多种元素组成，其中碳、氢、氧、硫、磷是最主要的元素，它们都来源于环境，构成生态系统中的生物个体和生物群落。生产者把无机物转化为有机物，给消费者消耗；消费者产生的废弃物及生产者的残体被分解者消化，又转化为无机物，返回环境，供植物重新利用。地球上无数个这样的物质循环，汇合成生物圈总的物质循环。

### 延 伸 阅 读

绿色植物的光合作用把二氧化碳从大气中取走，合成碳水化合物贮存在体内，食草和食肉动物吸收这种营养物质。动物的呼吸和微生物对动植物残体的分解，又将碳以二氧化碳形式排入大气。

# 地球环境保护的方法

### 水土流失治理

目前我国水土流失面积达150万平方千米，平均每年流失约50亿吨土壤，尤以黄土高原水土流失最为严重。因此，防止水土流失、开展水土保持工作在我国具有特别重大的意义。

### 污水处理厂

从污染源排出的污水，因含污染物总量或浓度较高，达不到排放标准要求或不适应环境容量要求，从而降低水环境质量和功能目标时，需经过人工强化处理的场所进行处理，这个场所就是

污水处理厂，又称污水
处理站。

### 保护森林

长期以来，人类对
森林无节制地砍伐，加
上战争和自然灾害，使
世界森林横遭破坏，其
面积由800万平方千米锐减为现在的280万平方千米，而且森林面
积目前正以每年20万平方千米的数量消失。挽救森林，就是挽救
人类。

我国于1984年颁布了《森林法》，1987年国务院环境保护委
员会发布了《中国自然保护纲要》，对林区采取了禁伐措施。此后
人工造林面积逐年增加，森林覆盖率2010年达到20%。

### 防护林体系

我国有许多防护林体系，最大的是"三北"防护林体系。所
谓"三北"是指东北、华北、西北，共涉及12个省、市、自治
区的466个县，总面积389万平方千米，约占我国陆地总面积的
40.5%。

防护林体系建设在保
护好现有森林植被的基础
上，大力开展造林育林，
采取人工造林、飞机播种
造林、封山封沙育林育草

等多种途径，有计划、有步骤地营造防风固沙林、水土保持林、牧场防护林、水源涵养林，以及薪炭林、经济林、用材林多林种相结合，实行乔木、灌木、草本植物相结合和林带、林网、片林相结合，完善农林牧协调发展的防护林体系。

### 发展植物园

植物园是保存植物，特别是保存濒危植物的好地方。植物园集中种植各种草木花卉，是活的植物标本馆，是植物科研和科普教育的基地。

植物园分综合、专科两大类。世界现在已知的高等植物近30万种，未知的种类更多，要建立无所不包的大型综合植物园是不可能的。新建的植物园多以专科为主，以求专、深，老的植物园也在原有的综合性的基础上，有所侧重。

我国多数植物园收集有2000种至3000种植物，其中上海植物园保存的植物最多，达5000多种。大多数植物园建在城市近郊，植被覆盖率极高，模仿自然生态环境，成为人们向往的旅游地。

### 垃圾分类

将垃圾按可回收再使用和不可回收再使用的分类法称为垃圾分类。人类每日都会产生大量的垃圾，大量的垃圾未经分类回收再使用并任意弃置会造成环境污染。

现今我国的生活垃圾一般可分为四大类：可回收垃圾、厨余垃圾、有害垃圾和其他垃圾。垃圾分类收集可以减少垃圾处理量和处理设备，降低处理成本，减少土地资源的消耗，具有社会、经济、生态三方面的效益。

## 垃圾处理

垃圾是人类日常生活和生产中产生的固体废弃物，由于排出量大，成分复杂多样，给处理和再利用带来困难，如不能及时处理或处理不当，就会污染环境，影响环境卫生。垃圾处理就是要把垃圾迅速清除，并进行无害化处理，最后加以合理地利用。目前的垃圾处理方法主要有综合利用、卫生填埋、焚烧发电、堆肥和资源返还等。目的是无害化、资源化和减量化。

## 低碳环保生活

两百多年来，随着工业化进程的深入与发展，大量温室气体，尤其是二氧化碳的排出，导致全球气温升高、气候发生变化。世界气象组织公

布的《2011年全球气候状况》报告指出，近10年是有记录以来全球最热的10年。全球变暖使南极冰川开始融化，进而导致海平面升高。

低碳环保生活是一种新的生活理念，是指尽量减少生活所耗用的能量，从而降低二氧化碳的排放量，减少对大气的污染，减缓生态恶化。主要是从节电、节气和回收三个环节来改变生活细节。

### 有机食品

指来自有机农业生产体系，根据有机农业生产的规范生产加工，并经独立的认证机构认证的农产品及其加工产品。绿色食品是我国政府主推的一个认证农产品，有绿色AA级和A级之分，而其AA级的生产标准基本上等同于有机农业标准。

绿色食品是普通耕作方式生产的农产品向有机食品过渡的一种食品形式。

有机食品是食品行业的最高标准。目前经认证的有机食品主要包括一般的有机农作物产品、有机茶产品、有机食用菌产品、有机畜禽产品、有机水产品、有机蜂产品、有机奶粉采集的野生产品以及用上述产品为原料加工的产品。

## 节能减排

有广义和狭义之分。广义而言，节能减排是指节约物质资源和能量资源，减少废弃物和环境有害物包括"三废"和噪声等的排放；狭义而言，节能减排是指节约能源和减少环境有害物排放。

我国的节能是加强用能管理，采取技术上可行、经济上合理以及环境和社会可以承受的措施，从能源生产到消费的各个环节，降低消耗、减少损失和污染物排放、制止浪费，有效、合理地利用能源。

## 乙醇汽油

乙醇，俗称酒精，乙醇汽油是一种由粮食及各种植物纤维加工成的燃料乙醇和普通汽油按一定比例混配形成的新型替代能源。按照我国的国家标准，乙醇汽油是用90%的普通汽油与10%的燃料乙醇调和而成。

乙醇可以有效改善油品的性能和质量，降低一氧化碳、碳氢化合物等主要污染物排放。

但是近年来的实践证明，它也有过度消耗粮食、与人争食的

不良后果。这在人口不
断增加，粮食日趋紧缺
的今天，是一个应该重
视的问题。

### 太阳能汽车

相比传统热机驱动
的汽车，太阳能汽车是
真正的零排放。正因为其环保的特点，太阳能汽车被诸多国家所
提倡，太阳能汽车产业的发展也日益蓬勃。

太阳能发电在汽车上的应用，将能够有效降低全球环境污
染，创造洁净的生活环境。随着全球经济和科学技术的飞速发
展，太阳能汽车作为一个产业已经不是一个神话。但在目前，由
于技术限制，对太阳能的利用效率还不能完全满足汽车动力的需
求，这在一定程度上限制了太阳能汽车的发展。

### 燃料电池

一种将存在于燃料与氧化剂中的化学能直接转化为电能的发

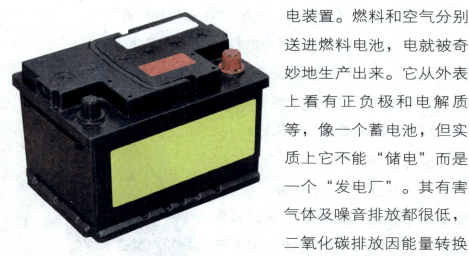

电装置。燃料和空气分别送进燃料电池，电就被奇妙地生产出来。它从外表上看有正负极和电解质等，像一个蓄电池，但实质上它不能"储电"而是一个"发电厂"。其有害气体及噪音排放都很低，二氧化碳排放因能量转换效率高而大幅度降低，无机械振动。当前已被用于汽车用动力。

## 环保袋

环保袋应该有两方面的特点：一方面就是用天然材料做成的可以重复利用；另一方面就是，废弃后不会在自然环境中残留固体废物对环境造成危害。一般的塑料袋丢弃在环境中很难降解，即使有小部分分解之后也会产生有害物质。

我国每年都要消耗大量的塑料购物袋。塑料购物袋在为消费者提供便利的同时，由于过量使用及回收处理不到位等原因，也造成了严重的能源资源浪费和环境污染。特别是超薄塑料购物袋容易破损，大多被随意丢弃，成为"白色污染"的主要来源。

## 地球一小时

世界自然基金会在2007年向全球发

出的一项倡议，呼吁个人、社区、企业和政府在每年3月份的最后一个星期六熄灯一小时，以此来激发人们对保护地球的责任感，以及对气候变化等环境问题的思考，表明对全球共同抵御气候变暖行动的支持和关注。

### 世界水日

为满足人们日常生活、商业和农业对水资源的需求，联合国长期以来致力于解决因水资源需求上升而引起的全球性水危机。

1993年1月18日，第四十七届联合国代表大会决议，每年的3月22日为"世界水日"。以此增强公众保护水资源意识，节约用水，不要让最后一滴水成为我们地球人懊悔的眼泪！

## 延 伸 阅 读

大气污染物对工业的危害主要有两种：一是大气中的酸性污染物和二氧化硫、二氧化氮等，对工业材料、设备和建筑设施的腐蚀；二是飘尘增多给精密仪器、设备的生产、安装调试和使用带来的不利影响。

# 生态环境保护的措施

### 人与生物圈计划

生物圈保护区是按照地球上不同生物地理省建立的全球性的自然保护网。世界人与生物圈委员会把全世界分成193个生物地理省，从中选出各种

类型的生态系统作为生物圈保护区。其目的是通过保护各种类型生态系统来保存生物遗传的多样性。

### 建立生态农场

生态农场是保护环境、发展农业的新模式。它遵循生态平衡规律，在持续利用的原则下开发利用农业自然资源，进行多层次、立体化、循环利用的农业生产，使能量和物

质流动在生态系统中形成良性循环。

### 退耕还林

退耕还林就是从保护和改善生态环境出发，将易造成水土流失的坡耕地有计划，有步骤地停止耕种，本着宜乔则乔、宜灌则灌、宜草则草和乔灌草结合的原则，因地制宜地造林种草，恢复林草植被。退耕还林地是指水土流失严重、产量低而不稳的坡耕地和沙化耕地。退耕还林工程建设包括坡耕地退耕还林和宜林荒山荒地造林两个方面。

退耕还林是我国实施西部开发战略的重要政策之一，其基本政策措施是"退耕还林，封山绿化，以粮代赈，个体承包"。

### 地衣的种植

地衣是真菌和光合生物之间稳定而又互利的联合体，真菌是它的主要成员。地衣对污染物十分敏感，被称为毒气自动检测

站。全世界已描述的地衣有500多属，26000多种。从两极至赤道，从高山到平原，从森林到荒漠，到处都有地衣生长。

我国地衣资源相当丰

富，人们食用和药用地衣的历史悠久。地衣营养价值较高，内含多种氨基酸、矿物质，并且钙的含量特别高。

## 生态效率

生态效率是生态资源满足人类需要的效率，它是产出与投入的比值。其中"产出"是指企业生产或经济体提供的产品和服务的价值；"投入"是指企业生产或经济体消耗的资源和能源及它们所造成的环境负荷。在生物学中，生态效率是指生态系统中各营养级生物对太阳能或其前一营养级生物所含能量的利用、转化效率。生态效率一般分为两类：一类是本营养级与前一级相比，另一类是同一营养级内不同阶段间相比。

## 保护生物

地球是一切生物的共同家园，生物链是地球生态平衡的保

障，人类也只是地球生物链中的一环。只有保护好生物，维持地球生态平衡，人类才能有可持续的家园。

目前，一些种类的生物资源由于人类的过度开采和栖息环境的改变而日趋减少。为了永续利用，造福后代，各国政府正在采取有效措施保护生物资源的可持续发展。

105

### 保护野生植物

有一种植物消失了，以这种植物为食的昆虫就会消失；某种昆虫没有了，捕食这种昆虫的鸟类将会饿死；鸟类的死亡又会对其他动物产生影响。大规模野生植物毁灭会引起一系列连锁反应，产生严重后果，所以保护野生植物是维护地球生态平衡的重要环节。

### 保护野生动物

《中华人民共和国野生动物保护法》规定，珍贵、濒危的陆生、水生野生动物和有益的或者有重要经济和科学研究价值的陆生野生动物受国家法律保护。所以滥食野生动物是违法行为。

保护野生动物就是保护人类自己。保护野生动物应该成为人们的一种自觉行为。

## 延 伸 阅 读

对地球生物的保护包括物种的保全、植物植被的养护、动物的回归、生物多样性、转基因的合理利用、濒临灭绝生物的特殊保护、栖息地的扩大、人类与生物的和谐共处等。